Anwendungsorientierte Trigonometrie. Mathematische Modellierung eines Klanges

Die Evolution der Sinustöne zu einem Orgelklang

Christoph Schönfeldt

Bibliografische Information der Deutschen Nationalbibliothek:

Die Deutsche Nationalbibliothek verzeichnet diese Publikation in der Deutschen Nationalbibliografie; detaillierte bibliografische Daten sind im Internet über http://dnb.d-nb.de abrufbar.

ISBN: 9783346024138
Dieses Buch ist auch als E-Book erhältlich.

© GRIN Publishing GmbH
Nymphenburger Straße 86
80636 München

Druck und Bindung: Books on Demand GmbH, Norderstedt Germany
Gedruckt auf säurefreiem Papier aus verantwortungsvollen Quellen

Das Buch bei GRIN: https://www.grin.com/document/497418

Mathematische Modellierung eines Klanges

Anwendungsorientierte Trigonometrie – Die Evolution der Sinustöne zu einem Orgelklang

Vorgelegt von:

Christoph Schönfeldt

1 Einleitung

„Es ist nicht erforderlich, Musik zu
verstehen. Man braucht sie nur zu
genießen."

Leopold Stokowski

Die Musik ist in den Jahrhunderten immer wieder mit der Mathematik in Berührung gekommen. So hat PYTHAGORAS VON SAMOS erste mathematische Zusammenhänge innerhalb der Musik erkannt. Die Pythagoreer entdeckten Zusammenhänge, zwischen Zahlenverhältnissen und Tonintervallen' (MEYER, 2006, S.1) und entgegen des einleitenden Zitates bemühten sich die Mathematiker und Musiker (u. a. KEPLER, MERSENNE, NEWTON, LEIBNIZ und J.S. BACH) um das mathematische Verständnis der Musik (vgl. MEYER, S. 2ff). Durch den eng bemessenen Raum der Ausarbeitung, wird von einer historischen Zusammenfassung abgesehen. [1]

Neben den didaktisch-methodischen Überlegungen und dem Modellierungskreislauf werden vereinfachte mathematische Modelle von JEAN-BAPTISTE FOURIER genutzt, um einen praxistauglichen Zusammenhang zwischen der Mathematik und der Musik zu realisieren. Dabei wird von der Fourier-Analyse abgesehen und die ‚additive Klangsynthese' innerhalb des Modellierungsprozesses angewendet. Es wird sich dabei, zumindest auf der innermathematischen Ebene, an der Examensarbeit von Herrn Daniel Meyer orientiert. Die methodischen und didaktischen Überlegungen sind von den Autoren selbst entworfen.

Im aktuellen Kontext des Unterrichts ist die Verknüpfung zwischen realen Situationen und der Mathematik umso hilfreicher, um eine Anwendungsorientierung herzustellen und damit den ‚Sinn' der Mathematik besser nachvollziehen zu können. Einhergehend mit dieser Hypothese besteht die Vermutung, dass der Mathematikunterricht in der Vergangenheit rein formal-symbolisch geprägt wurde. Aufgrund der Abstraktionserwartungen, die von Schülerinnen und Schülern in innermathematischen Aufgabenstellungen gefordert werden, ist es notwendig einen Alltagsbezug herzustellen.

---

[1] Hierzu mehr in: BLUME, F. (Hrsg.): Die Musik in Geschichte und Gegenwart, Band I. Kassel u.a.: Bärenreiter-Verlag.

2 Bedingungsfeldanalyse

Hinführend auf die zu bearbeitende Thematik ist es von großer Bedeutung den Unterricht speziell im Bezug auf die einzelnen Klassen zu gestalten. Somit ist es möglich auf spezifische Stärken bzw. Schwächen der jeweiligen Klasse einzugehen. Die folgenden Angaben zur Klasse und Ihrer Fähigkeiten bzw. Kompetenzen stellen nur eine fiktive Basis für die Lernsituation dar.

2.1 Lehr- und Lernbedingungen

Es ist notwendig, im folgenden Absatz die planungsbezogenen Faktoren näher zu betrachten. Daher wird eine ausführlichere Darstellung der unterschiedlichen Planungsfaktoren vorgenommen, die teilweise aus der gemeinsamen Arbeit entnommen wurde.

2.1.1 Schülerbezogene Planungsfaktoren

„In der Klasse des beruflichen Gymnasiums des 11. Jahrgangs werden 19 Schülerinnen und 11 Schüler unterrichtet. Alle Lernenden haben den Realschulabschluss an verschiedenen Schulformen erworben. Es gibt in der Klasse ca. fünf bis sechs Leitungsträger*innen, zehn Mittelstarke und sechszehn leistungsschwache Schüler*innen. Diese stark ausgeprägte Leistungsheterogenität in schwachen Schüler*innen liegt gerade an den fehlenden Grundlagen in der Mathematik. Die Altersstruktur ist mit siebzehn bis neunzehn Jahren relativ homogen.

Das Sozialverhalten in der Klasse ist als gut zu bezeichnen und untereinander verhalten sich die Lernenden freundlich und hilfsbereit. Zudem sind es die Schüler*innen geübt, in unterschiedlichen Sozialformen zu arbeiten. Insgesamt herrschen in der Klasse ein sehr angenehmes Arbeitsklima und eine freundliche Atmosphäre" (*Anm. d. Verfassers: siehe Arbeit von Gruppe*).

Gerade durch die Besonderheit, einen Fächerverbund zwischen Informatik, Musik, Physik und Mathematik herauszustellen, könnte auch bei leistungsschwächeren Schüler*innen ein Interesse an der Entstehung von Tönen hervorbringen.

2.1.2 Studentenbezogene Planungsstrukturen

Im Zuge des Moduls „Angewandte Fachdidaktik der Mathematik" im Masterstudiengang Lehramt an Berufsbildenden Schulen – Fachrichtung Sozialpädagogik wird dieser Unterrichtentwurf gestaltet. Im Folgenden wird der Urheber der Unterrichtskonzeption näher beschrieben bzw. seine aktuellen Fertigkeiten und Kenntnisse im Hinblick auf die Gestaltung von Unterrichtskonzeptionen näher erläutert. Sowohl im Bachelorstudium als auch Masterstudium hat der Student Module im Bereich der mathematischen Fachdidaktik belegt und haben im Zuge dessen bereits zwei Unterrichtsentwürfe als Prüfungsleistung erstellen müssen. Diese wurden jedoch nicht in der Praxis durchgeführt.

Hinzu kommt, dass im Modul „Schulpraktische Studien" (Bachelorstudiengang) sich vermehrt mit didaktischen Überlegungen, gerade zum Thema Nähe und Distanz der Lehrerpersönlichkeit, auseinandergesetzt wurde. Ebenso ist der Hilfskraftjob bei Frau Prof. Dr. Haftendorn durchaus ein Indiz dafür, dass sich vermehrt mit der Mathematik und ihrer Didaktik seit nun vier Jahren hintereinander zielführend durch Mathematik für alle, neben dem ‚normalen' Seminarablauf gerade mit der Hochschuldidaktik beschäftigt wurde.

Im Bachelorstudium konnte der Verfasser im Modul „Lern-Lehrprozesse und sozialdidaktische Theorien" ebenfalls Erfahrungen in der Gestaltung von Unterrichts-sequenzen sammeln und hat innerhalb dieses Moduls einen Unterrichtsentwurf für ein sozialpädagogisches Unterrichtsfach erstellt. Dieser Unterrichtsentwurf behandelte das Thema der Portfolios – eine Form der Leistung, die noch nicht gänzlich im Mathematikunterricht eingesetzt wird.

2.2 Curriculare Vorgaben

Für den Unterricht am beruflichen Gymnasium ist in den Rahmenrichtlinien des niedersächsischen Kultusministeriums für die 11. Klasse die Wiederholung des Themenbereichs Analysis vorgesehen. Die Schülerinnen und Schüler sollen sich erneut mit den Sinus- und Cosinusfunktionen auseinandersetzen, um zunächst die in der Klasse 10. behandelte Thematik aufzubereiten. Im Weiteren Verlauf sollen die Schülerinnen und Schüler sich mit der Sinusfunktion im Kontext der Musik auseinandersetzen. Die angesprochenen Kompetenzbereiche werden im Detail im Rahmen des Modellierungskreislaufes beschrieben und dargestellt.

2.3 Sonstige Rahmenbedingungen

Der Computer ist in der heutigen Zeit innerhalb jeder Branche vertreten. Somit kann auch die Mathematik nicht auf den Einsatz eines solchen Mediums verzichten. Die Einsatzfelder des Computers innerhalb der Mathematik sind nahezu grenzenlos. Angefangen bei einfachen Graphen- oder Mathematikprogrammen bis hin zur Kryptographie auf höchstem Niveau wird immer wieder auf ihn zurückgegriffen. Dies gilt ebenfalls für den Einsatz von Computern innerhalb des Schulunterrichts. Speziell für den gewählten Themenbereich der Tonanalyse bzw. Tonmodellierung ist der Einsatz eines Computers unabdingbar. Für den Unterricht ist es daher notwendig, dass die Schülerinnen und Schüler sich in einem grundlegenden Maß bereits mit einem Programm zur Tonanalyse beschäftig zu haben. Des Weiteren müssen die Schülerinnen und Schüler sich im Vorhinein mit der Theorie der Tonverhältnisse auseinanderzusetzen. Bezogen ist dies auf die geometrische Reihe und die mathematische Berechnung dieser Verhältnisse.

3

Die Vorarbeit der Schülerinnen und Schüler ist notwendig, da das Verständnis über die Entstehung und Zusammensetzung von Tönen Voraussetzung für die spätere Tonmodellierung ist. Hilfreich auf diesem Weg sind zunächst die Computerprogramme zur Tonanalyse, da diese in der Lage sind die Töne zu visualisieren und Amplitudenstatistiken zu erstellen. Im Weiteren Verlauf werden dann auch die Erkenntnisse über die Tonverhältnisse für die Modellierung benötigt.

„Die räumliche Situation ermöglicht das Arbeiten in unterschiedlichen Sozialformen. Durch die gute Ausstattung der Schule ist ein umfangreiches Spektrum an unterschiedlichen Medien, Materialien und Technik vorhanden. Des Weiteren stehen für diese Unterrichtssequenz zwei Unterrichtsräume zur Verfügung.

Bei der vorliegenden Unterrichtssequenz handelt es sich um eine 90-minütige Einheit, die innerhalb des Mathematikunterrichts im 11. Jahrgang des Beruflichen Gymnasiums durchgeführt wird. Das Thema der Lernaufgabe lautet: „Die theoretische Einführung einer Modellierung eines Orgeltones" (*Anm. d. Verfassers: siehe Arbeit von Gruppe*).

Zu berücksichtigen ist, dass die Einheit nach spätestens 45 Minuten durch eine 15-minütige Pause unterbrochen wird, da Einzelunterricht insgesamt als schwieriger empfunden wird.

3 Sachanalyse

Durch den Fächerübergriff von Musik, Physik und Informatik, werden einzelne Aspekte der mathematischen Zusammenhänge erläutert, um eine mögliche Anwendung anderer transparenter zu gestalten. Daher ist dieser Abschnitt etwas umfangreicher.

3.1 Mathematische und physische Eigenschaften von Tönen

Die grundlegenden Eigenschaften von Tönen, im mathematischen Kontext, ist anhand einer Sinusfunktion zu beschreiben. Dabei spielt sowohl die X-Achsen-Streckung/Stauchung, als auch die Y-Achsen-Streckung/Stauchung eine wesentliche Rolle, denn diese macht die Tonhöhe (Frequenz, Abb. I, Abb. II) und die Tonlautstärke (Amplitude, Abb. III, Abb. IV) aus.

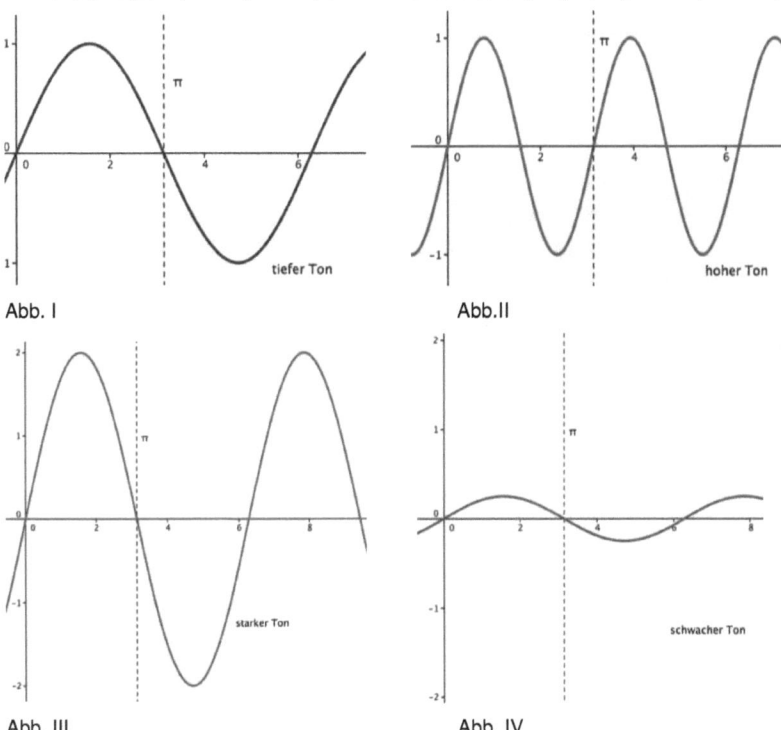

Abb. I   Abb. II

Abb. III   Abb. IV

Die Tonhöhe ist innerhalb einer allgemeinen Sinusfunktion: $f(x) = a * \sin(b * x + c) + d$ der Parameter b. Die Amplitude wird durch den Parameter a festgelegt (vgl. MEYER 2006, S. 14). Neben dieser stark vereinfachten Erklärung von Tonhöhe und Tonstärke, bietet die Physik grundlegende Erklärungen für das ‚Phänomen' von Tönen. Innerhalb der Physik wird die Tonhöhe, also die Frequenz, in der Einheit Hz (nach HEINRICH HERTZ) angegeben. Der ‚Ton A', der von den Schülerinnen und Schülern schlussendlich modelliert wird, hat die

5

Frequenz 220 Hz. Im physikalischen Kontext wird die Einheit Hz mit ‚Schwingungen pro Sekunde' übersetzt (vgl. HAFTENDORN 2009, S.139).

„Die Schallquelle, also der schwingende Körper, überträgt ihre Schwingungen an das umgebende Medium, in der Regel Luft, [...]. Die Schallwelle breitet sich also von ihrem Entstehungsort aus, ähnlich der Ausbreitung von Wasserwellen,[...]. Bei der Wasserwelle beobachten wir, dass einem Wasserberg ein Wassertal folgt. Bei der Schallwelle ist dies ganz ähnlich, hier folgt einer Luftverdichtung eine Luftverdünnung" (DGUV, http://www.jwsl.de/bonus/sml/fakten/c1-10.php?mainlnk=mkap_c&sublnk=1&screen=10).

3.2 Mathematische/physische Eigenschaften von Klängen

Neben der Tonhöhe und der Tonlautstärke ist die sog. Klangfarbe modellierbar. FOURIER entdeckte ca. um 1800, dass ein Unterschied zwischen Ton und Klang besteht, *„sowie, dass Klänge aus einem System von Teiltönen bestehen"* (MAYER 2006, S.4). Ein Klang setzt sich aus dem Grundton, Obertönen und Untertönen zusammen. Die Ober- und Untertöne haben dabei verschiedene Amplituden (Tonlautstärken) und Frequenzen (Tonhöhen). Es ist innermathematisch und elektronisch möglich, aus einem echten Instrument das Ober- und Untertonspektrum zu bestimmen. Dieses Verfahren wird als FOURIER-Analyse bezeichnet und ist für die Oberstufe eines beruflichen Gymnasiums kaum geeignet (vgl. HAFTENDORN, 2009, S.233ff). Der Hinweis, dass das Computerprogramm ‚Audition' mit der FOURIER-Analyse arbeitet muss demnach reichen. Aufgrund dieser (didaktischen) Überlegung beschränkt diese Ausarbeitung auf die *additive Klangsynthese*. Dabei werden verschiedene Sinusfunktionen, physikalisch ‚Töne', mit unterschiedlichen Parametern miteinander addiert. Die Frequenz (Parameter b) ist dabei ein ganzzahliges Vielfaches des tiefsten Tones (110Hz, 220Hz, 440Hz etc.), sowie ‚Quinten' und ‚Terzen'. Lediglich die Amplitude ist keiner Gesetzmäßigkeit unterlegen, außer dass sie mit der Menge der Obertöne ‚nach oben hin' an Intensität verliert (DÜLL 19??, S.14) . Es ist die Intensität der einzelnen Frequenzen und Amplituden, die für die Klangfarbe eines Instrumentes entscheidend ist (vgl. MEYER 2006, S.7). Durch die vorangegangene Bedingungsfeldanalyse, also die Unterrichtseinheit mit einer 11. Klasse GK zu realisieren, wird der Begriff der ‚Reihe' außen vor gelassen. Es wird sich auf die trigonometrischen Funktionen der Analysis und deren Anwendungen innerhalb der Physik und Musik, also der Akustik beschränkt.

3.3 Herleitung einer adäquaten Formel

Die mathematisch korrekteste Darstellung einer Sinusfunktion, genauer gesagt für den Parameter der Frequenz ‚b', bezieht die Einheit ‚Hz' ein. Da diese Ausarbeitung den ‚Ton A' modelliert, ist die Formel: $a * \sin(2\pi * 440x)$. Auf den Begriff der Winkelgeschwindigkeit, als physikalische Größe, wird aus didaktischen Gründen nicht näher eingegangen, denn es soll

in der Ausarbeitung weniger um die Physik, als um die Mathematik gehen. Im
physisch/musikalischen Kontext ausgedrückt:

$$Amplitude * \sin(2\pi * Frequenz * x)$$

3.3.1 Frequenz

Da der Klang einer Orgel von mehreren Faktoren abhängig ist, wird der Zusammenhang von
Grundton und Obertönen anhand einer allgemeinen, angepassten Formel dargestellt:

$$f(x) = A * \sin\left(2\pi * \left(\frac{440}{2}\right) * x\right) A * \sin(2\pi * 440 * x) + A * \sin(2\pi * (2 * 440) * x) +$$
$$A * \sin\ (2\pi * (3 * 440) * x)$$

Was innerhalb dieser Formel noch nicht bestimmt ist, ist die Intensität der *Amplitude (A)*.
Diese wird aufgrund der Spektralanalyse des Orgeltones bestimmt. Eine weitere Auffälligkeit
ist die Begrenzung der Obertöne auf vier Obertöne. Der Abbildung V ist zu entnehmen, dass
sieben Obertöne und ein Unterton vorhanden sind. Aus der Intensität der Farbe, sowie der
Breite lässt sich eine Verhältnismäßigkeit zwischen den Amplituden erkennen. Vom Abstand
der einzelnen Frequenzen lässt sich zudem die Gesetzmäßigkeit der ganzzahligen Teiltöne
der tiefsten Frequenzen des Klanges feststellen. Die ‚Terzen' und ‚Quinten' sind eine
Besonderheit des Orgelklanges. Dementsprechend sind in der Spektralanalyse nicht nur die
ganzzahligen Teiltöne zu erkennen.

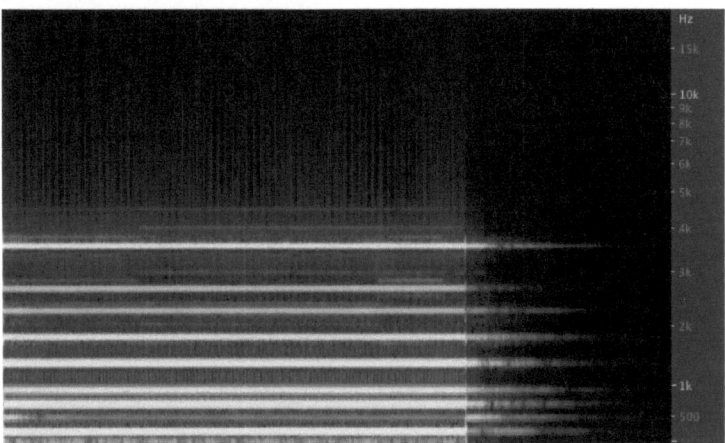

Abb. V

Um die Frequenzen der ‚Quinten' und ‚Terzen' zu bestimmen, muss die geometrische Reihe
zu den Verhältnissen von Tönen zuvor geklärt werden, wie bereits in den Lehr- und
Lernbedingungen beschrieben worden ist. Durch den begrenzten Rahmen der Ausarbeitung
werden die Erkenntnisse verkürzt dargestellt und in die ‚Orgel-Funktion' mit eingebunden.

Dabei werden die Quinten und Terzen von den Obertönen durch den Faktor der ganzzahligen Vielfachen ergänzt:

$$(gro\beta e)\ Terz\ zur\ 1.Oktave: f_1(x) = A * \sin\left(2\pi * (2 * (440 * \left(2^{\frac{4}{12}}\right)) * x\right.$$

$$(reine)\ Quinte\ zur\ 1.Oktave: f_2(x) = A * \sin\left(2\pi * (2 * (440 * \left(2^{\frac{7}{12}}\right)) * x\right.$$

Da es sich um eine additive Klangsynthese handelt, werden nun die Funktionen f, f_1, f_2, miteinander addiert.

Grundton (220 Hz): $f_5 =$ $A * \sin\left(2\pi * \left(\frac{440}{2}\right) * x\right) +$

1. Oktave (440 Hz): $A * \sin(2\pi * 440 * x) +$

2. Oktave zum Grundton (880 Hz): $A * \sin(2\pi * (2 * 440) * x) +$

Terz zur 2. Oktave (1108 Hz): $A * \sin\left(2\pi * (2 * 440 * \left(2^{\frac{4}{12}}\right)) * x\right) +$

Quinte zur 2.Oktave (1320Hz): $A * \sin\left(2\pi * 440 * \left(2^{\frac{7}{12}}\right) * x\right) +$

3. Oktave zum Grundton (1760 Hz): $A * \sin\left(2\pi * (4 * 440) * x\right)$

Es wird sich in der Ausarbeitung lediglich mit dem Unterton, dem Grundton und den ersten vier Obertönen auseinandergesetzt, da die Vorgehensweise damit deutlich wird.

3.3.2 Amplitude

Die Spektralanalyse wird nun ‚per Sicht' auf die Amplitude analysiert. Dabei wird deutlich, dass der Unterton ‚lauter' ist, als der Grundton ist, also mit einer Verhältnismäßigkeit von 100% in den Klang einwirkt. Der Grundton hingegen ist von der Farbintensität und der Breite kaum erkennbar und wirkt damit mit 10% auf den Klang ein. Die 1. Oktave hingegen ist wiederum sehr intensiv, also 100%. Die Terz und die Quinte werden ebenfalls mit 100% mit einbezogen. Die 2. Oktave ist schmaler und wirkt daher nur zu 75% auf den Klang ein. Damit ergibt sich folgende Funktion, die auf Grund der ‚besseren' Darstellung in GeoGebra folgender Maßen aussieht:

$$f_{gesamt} = 00.1 * \sin\left(2\pi * \left(\frac{440}{2}\right) * x\right) + 0.001 * \sin(2\pi * 440 * x) + 0.01 * \sin(2\pi * (2 * 440) * x)$$

$$+ 0.01 * \sin\left(2\pi * (2 * 440 * \left(2^{\frac{4}{12}}\right)) * x\right) + 0.01 * \sin\left(2\pi * 440 * \left(2^{\frac{6}{12}}\right) * x\right) + 0.075 * \sin\left(2\pi * \right.$$

$$(4 * 440) * x)$$

3.3.3 Funktionsgraphen GeoGebra (unterschiedliche Achsenverhältnisse)

3.3.3.1 1. Achsenverhältnis (x:y) 3:1

Abb. VI

Abb. VII

Abb. VIII

3.3.3.2 Achsenverhältnis(x:y) 1:10

Abb. IX

Die unterschiedlichen Achsenverhältnisse und Zoomstufen können in einem Soundprogramm, wie ‚Audacity' wie folgt interpretiert werden: Desto näher der Zoomfaktor und so höher das „x" im Achsenverhältnis, umso kürzer ist der Ausschnitt des zu hörenden Klanges.

4 Modellierungskreislauf

Die Abbildung X stellt den Modellierungskreislauf aus veranschaulichungstechnischen Gründen nochmal da. Dieser ist zusätzlich durch die einzelnen Arbeitsschritte in chronologischer Reihenfolge erweitert. Im Folgenden werden nun die einzelnen Schritte des Kreislaufs beschrieben. Zusätzlich werden zu Einen die Orientierung der zu behandelnden Aufgabe und die geförderten Kompetenzen der Schülerinnen und Schüler dargestellt.

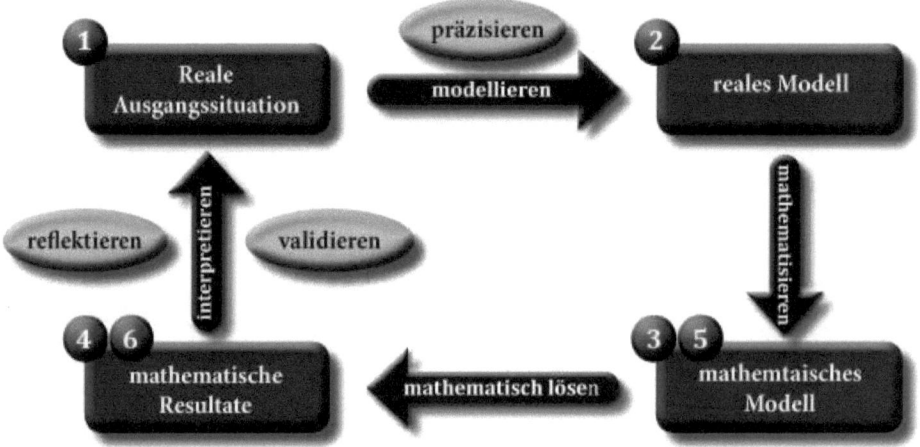

Abb. X (nach HINRICHS,2008)

4.1 Reale Ausgangssituation

Um die Schülerinnen und Schüler auf die reale Ausgangssituation vorzubereiten, wird im Rahmen der Einführung zunächst ein Ausschnitt aus dem ‚Phantom der Oper' vorgespielt. Im Anschluss wird der zu modellierende Ton, also der Ton A, in 220 Hertz vorgespielt. Die Aufgabe der Schülerinnen und Schüler ist es zunächst Überlegungen aufzustellen wie dieser Ton graphisch aussehen könnte und ob Töne sich generell in Ihrem Aussehen und Eigenschaften unterscheiden. Auf Grund der gegebenen Thematik innerhalb der Analysis, müssen die Schülerinnen und Schüler zu der Erkenntnis kommen, dass der Graph ähnlich wie eine Sinusfunktion aufgebaut ist und somit immer gleichbleibenden Schwingungen unterliegt. Auf die Addition von Ober- und Untertönen soll in diesem Arbeitsschritt noch nicht eingegangen werden.

4.1.1 geförderte Kompetenzen

Zum Einen bietet dieser Einstieg einen gewissen Lebensweltbezug (Vgl. GERDSMEIER 2003, S.175) für die Schülerinnen und Schüler, da jeder im Alltag etwas mit Musik bzw. Tönen und Klängen zu tun hat. Zum Anderen ist die Unterrichtskonzeption Problemorientiert (Vgl. GERDSMEIER 2003, S.175). Durch die Aufgabenstellung wird den Schülerinnen und Schülern die Möglichkeit gegeben sich selbstständig mit einer Thematik auseinanderzusetzen. Ziel ist es hier die Herangehensweise und die Auseinandersetzung mit unbekannten Problemen zu trainieren. Im Rahmen der realen Ausgangssituation werden also in ersten Regel die prozessbezogenen Kompetenzen (Kerncurriculum für das Fachgymnasium 2009, S.12) gefördert. Das Hauptaugenmerk innerhalb dieses Arbeitsablaufes liegt auf der Förderung der Kompetenzen zum mathematischen Argumentieren (Kerncurriculum für das Fachgymnasium 2009, S.13f) und zum Verwenden mathematischer Darstellungen (Kerncurriculum für das Fachgymnasium 2009, S.19f). Die Kompetenz des mathematischen Problemlösens (Kerncurriculum für das Fachgymnasium 2009, S.15, 16) spielt auch in diesem Schritt eine Rolle, da sie sich durch den gesamten Arbeitsprozess dieser Unterrichtseinheit zieht.

4.2 Reales Modell

Im zweiten Schritt geht es darum die reale Ausgangssituation in ein fassbares Modell zu übertragen und die Überlegungen weiter zu präzisieren. Die Schülerinnen und Schüler haben im Vorhinein die Überlegungen aufgestellt, das Töne immer gewissen Schwingungen unterliegen und somit unter zu Hilfenahme einer Sinus- oder Cosinusfunktion beschrieben werden müssen. Die Aussage über die Zusammenhänge und den Aufbau von Tönen sollen die Schülerinnen und Schüler nun bearbeiten. Zu diesem Zweck sollen die Lernenden sich am Computer mit der Erstellung von Sinustönen beschäftigen. Im Rahmen dieses Arbeitsauftrages müssen sie zu dem Ergebnis kommen, dass der zu modellierende Ton nicht nur aus einem sondern aus mehreren Tönen in Kombination entsteht. Wie im Bereich der sonstigen Rahmenbedingungen bereits erwähnt, ist es von großer Wichtigkeit, dass die Schülerinnen und Schüler sich mit einer PC Software zur Analyse und Erstellung von Tönen auseinandergesetzt haben.

4.2.1 geförderte Kompetenzen

Wie bereits bei der realen Ausgangssituation, ist auch innerhalb dieses Arbeitsschrittes sowohl der Lebensweltbezug (GERDSMEIER 2003, S.175) in Form der Arbeit am Computer und der Auseinandersetzung mit dem Thema der Musik als auch die Problemorientierung (GERDSMEIER ebd.) gegeben. Die geförderten Kompetenzen fallen hier sowohl in den prozessbezogenen als auch in den inhaltsbezogenen Bereich. Zu den prozessbezogenen Kompetenzen (Kerncurriculum für das Fachgymnasium 2009, S.12) gehören in diesem Fall das mathematische modellieren (Kerncurriculum für das Fachgymnasium ebd., S.17f), da die Schülerinnen und Schüler versuchen aus ihren getroffenen Überlegungen ein fassbares Modell zu entwickeln und das Kommunizieren (Kerncurriculum für das Fachgymnasium 2, S.23), da sich im Rahmen der Modellierung die Kommunikation der Lernenden untereinander positiv auf den Arbeitsprozess auswirkt. Im Bereich der inhaltsbezogenen Kompetenzen (Kerncurriculum für das Fachgymnasium 2009, S.12) wird auf das Erkennen funktionaler Zusammenhänge abgezielt (Kerncurriculum für das Fachgymnasium 2009, S.15f). Die Schülerinnen und Schüler sollen realisieren, in welchem Bezug die vom Computerprogramm visualisierten Graphiken mit den Eigenschaften der Töne stehen. Des Weiteren wird durch den Einsatz des Computers und den Umgang mit der Software die Medienkompetenz der Schülerinnen und Schüler gefördert (BARZEL 2005, S. 33).

4.3 Mathematisches Modell

Im Anschluss an das reale Modell, ist eine Mathematisierung der zuvor getroffenen Überlegungen vorzunehmen. Zu diesem Zweck war es Aufgabe der Schülerinnen und Schüler sich mit den mathematischen Theorien der Tonverhältnisse auseinanderzusetzen. Für den Schritt des Mathematisierens ist die Vorbereitung dieses Themenaspektes von hoher Bedeutung. Die weitere Vorgehensweise seitens der Schülerinnen und Schüler orientiert sich an dem Arbeitsprozess, welcher bereits unter dem Gliederungspunkt ‚Herleitung einer adäquaten Formel' beschrieben wurde. Es ist zu beachten, das die im vorhergegangen Schritt aufgestellten Überlegungen zur mathematischen Lösung des gegebenen Problems weiter verfolgt und letztendlich gelöst werden. Das Ziel ist somit die mathematische Gestaltung des vorgegebenen Tons.

4.3.1 geförderte Kompetenzen

Wie bereits in den vorher beschriebenen Teilen des Modellierungskreislaufs liegt auch hier wieder eine Problemorientierung (vgl. GERDSMEIER 2003, S175). der Aufgabenstellung vor. Ein Lebensweltbezug ist allerdings schwer herzustellen, da es innerhalb dieses Arbeitsschrittes zwar um die Modellierung eines Tons geht, die Schülerinnen und Schüler dies allerdings auf mathematische Weise durchführen. Es ist jedoch anzumerken, dass das Vorgehen der Schüler kritisch reflexiv (vgl. GERDSMEIER ebd., S.200f) ist. Die Kompetenzen sind innerhalb dieses Arbeitsschrittes ebenfalls wieder prozess- und inhaltsbezogen. Zu den prozessbezogenen Kompetenzen gehören zum Einen erneut die Lösung mathematischer Probleme (vgl. Kerncurriculum für das Fachgymnasium 2009, S.15, 16) und zum Anderen der Umgang mit Elementen der Mathematik auf symbolischer, formaler und technischer Ebene (vgl. Kerncurriculum für das Fachgymnasium ebd., S.21f). Dies begründet sich durch die Arbeit mit Zahlen und Funktionen, welche letztendlich zur Lösung des Problems und somit zur Modellierung des gesuchten Tons in mathematischer Hinsicht führen. Unter den inhaltsbezogenen Kompetenzen lassen sich der Umgang mit Zahlen und Operationen (Kerncurriculum für das Fachgymnasium ebd., S.25ff) und das Herstellen eines funktionalen Zusammenhangs anführen (Kerncurriculum für das Fachgymnasium 2ebd., S.33ff). Diese sind auch wiederum durch den mathematischen Prozess zu begründen.

4.4 Mathematische Resultate

Im letzten Schritt des Kreislaufs ist es wichtig, alle gesammelten Erkenntnisse und berechneten Ergebnisse zu interpretieren, zu reflektieren und zu validieren. Zunächst sollen die Schülerinnen und Schüler den von Ihnen auf mathematischem Wege modellierten Ton unter zu Hilfenahme einer Computersoftware erstellen, um diesen im Anschluss mit dem Ton zu vergleichen, welcher zu Beginn der Unterrichtseinheit präsentiert wurde. Sollte der erstellte Ton nicht dem gewünschten Ziel entsprechen, gilt es zunächst den Fehler im Bereich der Tonerstellung zu suchen. Sofern der Fehler nicht bei der Erstellung des Tons liegt, muss der Fehler im mathematischen Ergebnis Schülerinnen und Schüler gesucht werden. Die ist in Abbildung X durch die Nummern fünf und sechs Visualisiert.

4.4.1 geförderte Kompetenzen

Die ‚mathematischen Resultate' des Kreislaufs stellen in dem vorliegenden Unterrichtskonzept den wichtigsten Schritt dar. Wie in den vorhergehenden Punkten beschrieben, ist auch hier die Problemorientiertheit (vgl. GERDSMEIER 2003, S.175) der Aufgabe zu erkennen. Die Arbeitsweise der Lernenden ist zudem sowohl induktiv (fgl. GERDSMEIER 2003, S.184) als auch kritisch reflexiv (vgl. GERDSMEIER 2003, S.200f). Im

Bezug auf die Kompetenzen lassen sich sowohl prozess- als auch inhaltsbezogene Kompetenzen anführen. Das Spektrum der anzuführenden Kompetenzen ist im Vergleich zu den vorangegangen Arbeitsschritten viel komplexer. Unter den prozessbezogenen Kompetenzen lassen sich somit zunächst das Lösen mathematischer Probleme (vgl. Kerncurriculum für das Fachgymnasium 2009, S.15,f), das Verwenden mathematischer Darstellungen (Kerncurriculum für das Fachgymnasium 2009, S.19,f) und der Umgang mit Elementen der Mathematik auf symbolischer, formaler und technischer Ebene (vgl. Kerncurriculum für das Fachgymnasium 2009, S.21f) anführen. Begründet ist dies durch den mathematischen Lösungsweg und seiner Anforderungen. Durch das Interpretieren, Reflektieren und Validieren werden zusätzlich noch die Kompetenzen Kommunizieren (vgl. Kerncurriculum für das Fachgymnasium 2009, S.23) und mathematisch argumentieren (vgl. Kerncurriculum für das Fachgymnasium 2009, S.13f) unterstützt und gefördert.

Für die inhaltsbezogenen Kompetenzen lässt sich feststellen, dass die Schülerinnen und Schüler einen funktionalen Zusammenhang zwischen der Vorbereitung, den gesammelten Erkenntnissen und den erhaltenen Ergebnissen herstellen müssen. Dies fördert demnach die gleichnamige Kompetenz der Funktionalen Zusammenhänge (Kerncurriculum für das Fachgymnasium 2009, S.33ff).

5 Lernziele und Strategien

5.1 Groblernziele

Die Schülerinnen und Schüler lernen den Umgang mit Sinusfunktionen. Des Weiteren ist das erlangte Wissen auf den Fachbereich der Musik und der Informatik zu transferieren.

5.2 Feinlernziele

Mathematik	Informatik	Musik/Physik
Die SuS wiederholen die Sinusfunktionen und erwerben dabei Wissen über die verschiedenen Parameter.	Die SuS lernen Musikprogramme kennen und können eine Spektralanalyse, sowie das ‚pitchen' eines Tones, durchführen.	Die SuS können die Begriffe ‚Ton' und ‚Klang' trennscharf voneinander unterscheiden und können die Obertöne des Orgelklanges einordnen.
Die SuS lernen physikalisch – korrekte Sinusfunktionen zu erstellen und die unterschiedlichen Parameter zu deuten.	Die SuS sind in der Lage, Spektralanalyse zu interpretieren. Sie können sowohl Frequenz, als auch Amplitude ablesen und deuten.	Die SuS ordnen Begriffe wie: Amplitude und Frequenz korrekt ein und knüpfen eine Verbindung zw. Musik, Mathe und Physik.
Die SuS lernen die additive (Klang-) Synthese, mathematisch zu modellieren, in dem sie die (spezifischen)Sinusfunktionen miteinander addieren.	Die SuS erwerben die Kompetenz ihre ‚gepitchten' Töne miteinander zu Kombinieren und den modellierten Ton zu erstellen.	Die SuS können die Auswirkungen von Tonhöhe und Tonlautstärke anhand des Oszillographen deuten.

6 Unterrichtsentwurf

Die Schülerinnen und Schüler sind bereits mit den Verhältnissen von Tönen (geometrische Reihe) vertraut. Der Begriff der Reihe wurde jedoch nicht benutzt. Es wurden lediglich die Verhältnisse zwischen den einzelnen Intervallen erläutert und mathematisiert. Gleichzeitig wurden physikalische Größen, wie die Amplitude und die Frequenz bereits anhand von physikalischen Mess-und Versuchsreihen wiederholt, bzw. nachgeholt. Die Lernenden konnten die Musikprogramme im Informatikunterricht ausführlich testen, so dass Ihnen die Handhabung größtenteils gelingt. Die Unterrichtseinheit wird nun die mathematischen-musikalischen Begriffe ‚ganzzahlige Teiltöne', also Obertöne, in Bezug auf das Musikinstrument ‚Orgel' klären, so dass die Schülerinnen und Schüler die Kompetenz erwerben, einen Klang zu modellieren. Dabei wird näher auf die Klangeigenschaft der Orgel eingegangen. Der Übersichtlichkeit halber erfolgen die Angaben in tabellarischer Form:

6.1 Grobentwurf der Unterrichtseinheit

Stunde (45 min.)	Inhalt	Anmerkungen
1. (Mathematik)	Verhältnisse von Tönen innerhalb der Musik werden ‚vermittelt'. Wichtige Tonintervalle werden benannt (Terz, Quinte, Oktave)	Begriff der geometrischen Reihe wird vorerst nicht benutzt, es wird eine Tabelle erstellt. U. U. eine Klaviatur zur Veranschaulichung mitnehmen.
2. (Mathematik)	Versuchsaufbau von Oszillographen, Sinus-Funktion von Tönen (mit Amplitude und Frequenz) wird erläutert.	Verschiedene Frequenzen und Amplituden werden visualisiert und die SuS erkennen (visuell) die Gesetzmäßigkeiten von Tönen als Sinusfkt.
3. (Informatik)	Computerprogramm (‚Audition') und dessen Funktion wird erläutert und vorgeführt. SuS erkunden das Programm.	Die SuS entdecken die FOURIERS-Analyse auf elektronische Weise und lernen die Spektralanalyse zu deuten.
4. (Informatik)	Verschiedene Töne werden mit ‚Audition' modelliert und die Verhältnisse der Töne (Oktave, Terz, Quinte) werden auditiv wahrgenommen.	Elektronisch-musikalisch-auditive Gehörbildung, um u. U. die Obertöne eines Klanges zu identifizieren.
5. (Mathematik) + 6. (Mathematik)	Theoretische Modellierung des Orgelklanges.	Siehe Grobentwurf einer Unterrichtsstunde
7. Evaluation der Einheit	Feedback an sich selbst, an die Mitschüler und an den Lehrer, sowie Zusammenfassung der unterschiedlichen Meinungen.	Die SuS lernen ein Feedbackverfahren kennen und halten in der Diskussion Feedback, sowie Kommunikationsregeln ein.

6.2 Grobentwurf einer Unterrichtsstunde

Zeit	Inhalt / Gegenstand	Methodische Realisierung	Didaktische Anmerkung	Medien
10 Minuten Einführung	Die Orgel als Instrument wird über eine Sounddatei/Film vorgestellt (Intro von Phantom der Oper). Einzelner Orgelklang (a) wird abgespielt. Der Orgelklang wird als Funktionsgraph vorgestellt.	Hören des Musikstücks/Orgelklanges. erste Überlegungen werden im Plenum diskutiert. Sozialform (SF): Plenums-Gespräch	Den Klang der Orgel zu hören, kann motivierend auf die SuS wirken und das Interesse an der Modellierung wecken. Durch erste Überlegungen werden Ideen zum mögl. Modellierungsprozess gesammelt.	Musikanlage Beamer Laptop
40 Minuten Erarbeitungsphase Teil 1	Klangeigenschaften der Orgel werden recherchiert. Untersuchung von Spektralanalyse der Orgel. Bezug zu den vorherigen Unterrichtsstunden wird hergestellt und die Fragen aus dem Plenum werden strukturiert. Sinus-Kurve wird auf die musikalisch/physikalischen Eigenschaften untersucht. Vereinfachung: Funktion erstellen: Klang mit fünf Obertönen (sechs Sinusfkt.).	SuS recherchieren im Internet, nutzen Musikprogramm. SF: Partnerarbeit Erinnerung an die letzten Unterrichtsstunden, sowie den aktuellen Zusammenhang erarbeiten. SF: Lehrer-Plenums-Gespräch Bei GeoGebra werden Funktionen eingegeben und addiert. SF: Partnerarbeit	Auseinandersetzung mit dem Orgelklang mithilfe des Internets und des Musikprogramms sorgt für Eigenverantwortlichkeit. Auf die additive (Klang-)Synthese als mögliches mathematisches Modell muss hinausgearbeitet werden. Unter Umständen Hilfestellung vom Lehrer durch leitende Impulse.	PC (Musikprogramm, Internet) GeoGebra Tafel
30 Minuten Erarbeitungsphase Teil 2	Der Klang wird in GeoGebra dargestellt – unterschiedliche Zoomfaktoren/Achsenverhältnisse werden getestet. Der Klang wird mit Hilfe des Musikprogramms digitalisiert.	Die SuS nutzen weiterhin den PC, um die erstellte Funktion zu visualisieren. SF: Partnerarbeit Die Ergebnisse und die Mathematisierung des Klanges werden über eine Anlage/Beamer vorgestellt. SF: Plenum/Vortrag durch SuS	Nach der Mathematisierung nun die erstellte Formel, bzw. deren Auswirkungen zu realisieren verdeutlicht den Zusammenhang zw. Mathematik und Musik Der Bezug zum Alltag wurde dadurch abschließend durch die SuS selbst hergestellt.	PC (Musikprogramm) GeoGebra
10 Minuten Ergebnissicherung	Interpretation einiger Ergebnisse (visuell und auditiv) – Unterschiedlichkeiten werden untersucht. Das Fehlen der anderen Obertöne wird festgestellt.	Die SuS diskutieren über die unterschiedlichen Ergebnisse SF: Plenum	Die SuS entdecken ggf. die Gründe für die Abweichungen und weisen auf die fehlenden Obertöne der Spektralanalyse hin.	Anlage GeoGebra

7 Fazit

Die Verbindung zwischen Musik, Physik und Mathematik ist für den Lebensweltbezug (vgl. GERDSMEIER 2003, S.175), aber auch in gewissen Maßen für HEYMANNS (1997) Lebensorientierung als sinnvoll einzuordnen. Die Schülerinnen und Schüler lernen unterschiedliche Fachdisziplinen zu verknüpfen und deren Wechselseitigkeit in sich nachzuvollziehen. Die Mathematik auf die rein formal-symbolische Ebene zu beschränken ist der Grund für die Abstraktheit der Mathematik. Die Schülerinnen und Schüler können sich unter den Formeln und Funktionen der trigonometrischen Funktionen nur wenig vorstellen. Daher ist dieser Zusammenhang zwischen den Fächern als grundsätzlich anzusehen, um die Qualität des Mathematikunterrichts zu steigern, sowie die Motivation von Schülerinnen und Schülern zu steigern.

Dem Einsatz von Medien ist dabei eine fundamentale Rolle zuzuweisen, da die Unterrichtseinheit ohne diese (neuen) Medien nicht realisierbar wäre. Die Didaktik und Methodik werden durch Programme, wie z.B. GeoGebra, unterstützt und medienpädagogische Lernziele werden als Synergieeffekt ebenfalls erreicht. Dabei werden neben den medienerzieherischen Aspekten auch die Handhabung der einzelnen Programme geschult (vgl. HISCHER 2003, S.3).

Die lehrende Person muss sich zwangsläufig mit den ‚neuen Medien' auseinandersetzen, um den Mathematikunterricht ‚lebendiger' zu gestalten. Eine Verbindung zwischen der Musik und der Mathematik impliziert des Weiteren, neben der Visuellen, die auditive Wahrnehmung. Durch diese Erweiterung von Sinneskanälen, der Verknüpfung zwischen Informatik, Musik, Physik und der Mathematik ist diese Unterrichtseinheit als gelungen anzusehen.

Ausgehend von dem einleitenden Zitat: *„Es ist nicht erforderlich, Musik zu verstehen. Man braucht sie nur zu genießen",* ist dem zu widersprechen. Es ist sehr wohl erforderlich, wenn es dem Zweck dient, Schülerinnen und Schüler auf dem Weg ihrer Schullaufbahn zu begleiten und sich für eine ‚lebendige' Mathematik einzusetzen.

Literaturverzeichnis

* Barzel, B. / Hußmann, S. / Leuders, T. (2005): Computer, Internet & Co. im Mathematik-Unterricht. Cornelsen Verlag Scriptor. S. 27-40

* Deutsche Gesellschaft für Unfallversicherungen, http://www.jwsl.de/bonus/sml/fakten/c1-10.php?mainlnk=mkap_c&sublnk=1&screen=10 (Zugriff: 05.04.12)

* Gerdsmeier, G. / Fischer, A. (2003): Induktiver Wirtschaftslehreunterricht. Gespräch in fünf Abschnitten. In: Fischer, A. (Hrsg.): Im Spiegel der Zeit. Frankfurt. S. 173-203

* Haftendorn, D. (2009): Mathematik sehen und verstehen. Schlüssel zur Welt. Heidelberg: Spektrum akademischer Verlag.

* Heymann, H.-W. (Hrsg) (1997). Allgemeinbildung und Fachunterricht. Hamburg: Bergmann+Helbig.

* Hinrichs, G. (2008): Modellierung im Mathematikunterricht, Heidelberg: Spektrum akademischer Verlag.

* Hischer, H. (2003): Mathematikunterricht und Neue Medien – oder: Bildung ist das neue Paradies. Saarbrücken.

* Meyer, D. (2006): Additive Klangsynthese als Möglichkeit zur Fächerübergreifenden Behandlung der Sinus- und Kosinusfunktion. Ein Unterrichtsversuch in einer zehnten Klasse des Gymnasiums.

* Niedersächsische Kultusministerium (2009): Kerncurriculum für das Fachgymnasium, Hannover, S. 11-32

Übungsaufgaben

Recherchieren Sie im Internet nach den Frequenzen der Töne: a (440 Hz), h, cis, d, e, fis, gis, a' (A-Dur-Tonleiter). Erstellen Sie hierfür eine Tabelle.

Ton	Hz	Halbtonschritte (vom Grundton)
a	440	0
h		2
cis		4
d		5
e		7
fis		9
gis		11
a'		12

Erstellen Sie eine Formel für die Verhältnismäßigkeiten von Frequenzen (Halbtonschritte).

Erstellen Sie eine Tabelle mit den Intervallen der Obertöne einer Orgel. Nutzen Sie dabei die Recherchen, die Sie im Internet gemacht haben und nutzen Sie die Spektralanalyse.

Ton	Hz	Sinus-Funktion

Modellierung eines Saxophon-Klanges

Modellieren Sie innermathematisch den Klang (Ton c, 523 Hz) anhand der Spektralanalyse des Saxophons.

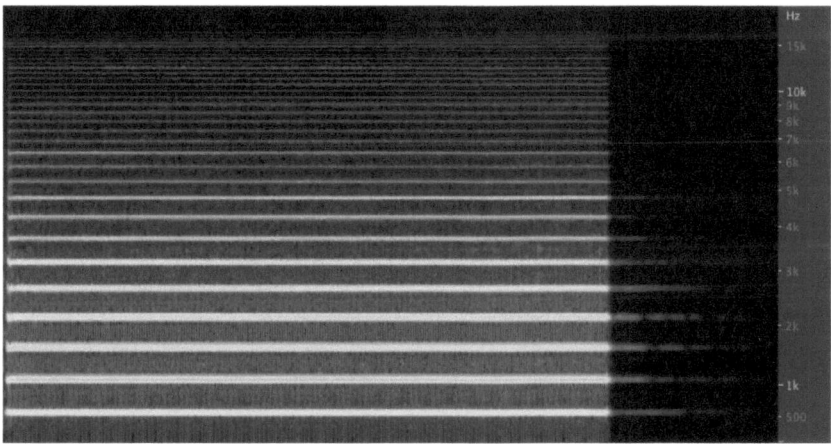

Abb. XI

Welche Intensität der Amplitude ist zu erkennen?

Welche Unterschiede sind anhand der Spektralanalyse zum Orgelklang zu erkennen?

III